Introduzione:

prima di affrontare l'argomento di questo libro e' fondamentale tenere presente una considerazione che e' alla base di tutto il nostro discorso e riguarda la differenza sostanziale che esiste tra uomini e donne. Spesso dimentichiamo che i generi femminili e maschili portano con se un bagaglio culturale e sociale formatosi in millenni di anni, la natura ha plasmato non solo i caratteri distintivi ma anche il comportamento e la stessa conformazione fisica e psichica tra i due sessi. Quindi partiamo da questo presupposto; gli uomini e le donne sono diversi non solo nel fisico ma anchenel comportamento e questa diversità' deve essere sinonimo di evoluzione reciproca non di discriminazione e denigrazione. Uomo e donna si completano nella loro diversità' creando un essere unico superiore ma questo può' avvenire qualora alla base vi sia tolleranza reciproca, rispetto e propensione verso l'altro accettando le differenze cogliendone l'occasione che si presenta da esse per integrare e arricchire il proprio punto di vista con uno diverso ma complementare . Purtroppo quando non si riesce nel creare questa sintonia perfetta, le divergenze che ne derivano incalzate dalla violenza e aggressività' sfociano in quello che potrebbe diventa il peggiore degli incubi trasformandosi in qualcosa di profondamente perverso e denigrante per l'intero genere umano. Quando la tolleranza e comunicazione basata sulla comprensione della diversità' di agire e di essere fa spazio all'egocentrismo e alla violenza sfocia quindi in quello che oggi vediamo verificarsi troppo spesso purtroppo. Il fenomeno del femminicidio e della violenza contro le donne rappresenta un allarme sociale sempre più marcato, manifestatosi in modo preoccupante negli ultimi anni. Sebbene le azioni e gli episodi in sé abbiano ricevuto grande attenzione mediatica, spesso si è trascurato di indagare approfonditamente sulle radici e sulle problematiche che hanno condotto a tali situazioni. È innegabile che si sia creata una sorta di caccia all'uomo, limitando il dibattito e l'analisi su possibili punti di vista divergenti rispetto alla tendenza accusatoria predominante contro il genere maschile. In alcuni casi estremi, si è perfino discusso della castrazione chimica come presunta soluzione, mentre la complessità del problema richiede un approccio molto più ampio e profondo. Siamo testimoni di cambiamenti sostanziali all'interno della società e nei rapporti tra uomini e donne, con l'emancipazione femminile che ha portato a una ridefinizione dei ruoli di genere. Tuttavia, non possiamo ignorare la crescente frenesia e violenza presenti nella società moderna, che sembra aver dimenticato i valori fondamentali, civili ed educativi, così come il rispetto reciproco e l'attenzione verso le fasce più vulnerabili della popolazione. Basti pensare alle continue aggressioni e frodi ai danni degli anziani, al bullismo perpetrato nei confronti dei giovani più sensibili e alle aggressioni anche da parte delle donne nei confronti dello stesso genere femminile e della società in generale.

La figura stessa della donna, che in passato era associata al ruolo di madre e custode del focolare domestico, ha subito una profonda trasformazione. Oggi, essa si configura come una identità' indipendente e assertiva, capace di cambiare partner senza troppe remore, di divorziare o separarsi anziché affrontare le difficoltà familiari con determinazione. Questi cambiamenti, pur celebrando un nuovo ruolo femminile, hanno comportato un'instabilità nelle relazioni e possono aver contribuito in modo significativo alla crescente triste realtà dei femminicidi.

Queste complesse problematiche richiedono un'analisi approfondita e una soluzione che non si limiti a punire l'uomo, ma che si rivolga alla radice del problema attraverso interventi sociali, educativi e culturali. È essenziale affrontare queste sfide con empatia, cercando soluzioni inclusive e preventive, evitando di creare una condanna generalizzata ma, al contrario, cercando di individuare e risolvere le cause profonde di queste tragedie che colpiscono le nostre società moderne.

Questo fenomeno del femminicidio, benché visibile nei fatti e nelle azioni stesse, ha ricevuto molta attenzione senza approfondire appieno le problematiche e le cause che ne hanno determinato l'escalation. Stiamo affrontando cambiamenti sostanziali nella società e nelle dinamiche tra uomini e donne, con l'emancipazione delle donne che ha segnato una svolta significativa. L'attuale società, pur evolvendo dal punto di vista tecnologico, sembra aver in parte dimenticato i valori civili, l'educazione e il rispetto reciproco, manifestando una crescente frenesia e violenza. Basta pensare alle baby gang e al bullismo che segnano la vita di molti giovani. Questi cambiamenti hanno influito negativamente sulla stabilità dei legami familiari, contribuendo in maniera eccessiva all'escalation dei femminicidi.

Queste problematiche richiedono un approfondimento sociale e una risoluzione che non si limiti a punire l'uomo con leggi più severe. Occorre piuttosto analizzare, affrontare e risolvere tali problemi attraverso un processo di comprensione e miglioramento sociale, al fine di non solo reprimere ma anche risolvere e superare le cause profonde di questa tragica realtà.

Capitolo 1: Evoluzione psicologica delle dinamiche di genere

Le dinamiche di genere hanno subito un'evoluzione significativa nel corso del tempo, influenzate da cambiamenti sociali, culturali ed economici. Particolarmente rilevante è il progresso del ruolo delle donne nella società, passando da una posizione tradizionalmente sottomessa a una sempre più attiva e autonoma. Nel corso dei decenni, le donne hanno conquistato diritti civili, accesso all'istruzione e opportunità lavorative, portando a una trasformazione della percezione di sé stesse e delle relazioni di coppia. Questo cambiamento ha provocato una ridefinizione dei ruoli di genere e delle aspettative all'interno delle relazioni.Tuttavia, questo progresso non è stato uniforme e ha generato anche tensioni e resistenze in alcuni contesti sociali. Alcuni uomini hanno potuto sperimentare una sfida nell'adattarsi a questa nuova dinamica, specialmente in contesti culturali o familiari tradizionali.Le donne, d'altra parte, hanno sviluppato una maggiore consapevolezza delle proprie capacità, aspirazioni e desideri. Questo ha portato a un cambiamento nei criteri di scelta del partner, con una maggiore enfasi su relazioni basate sulla parità, il rispetto reciproco e la condivisione dei valori.Tuttavia, è importante notare che nonostante questi cambiamenti, ci sono contesti in cui persistono visioni tradizionali del ruolo femminile e maschile, contribuendo a mantenere disuguaglianze e stereotipi di genere.

Inoltre, le differenze psicologiche nella percezione della violenza e nelle reazioni tra uomini e donne hanno un ruolo significativo nelle dinamiche relazionali. Queste differenze possono influenzare la gestione dei conflitti e la capacità di individuare e reagire a situazioni di pericolo o abuso.

Le dinamiche psicologiche legate all'evoluzione dei ruoli di genere hanno generato un terreno fertile per una riflessione più profonda sui valori, sulle aspettative e sulle relazioni stesse. Le donne hanno iniziato a esplorare ruoli più attivi e autodeterminati, cercando una parità di opportunità e di trattamento all'interno della società e delle relazioni di coppia.

Questo cambiamento ha comportato una ridefinizione dei criteri di valutazione all'interno delle relazioni. Non è più semplicemente una questione di compatibilità economica o sociale, ma piuttosto un'armonia basata sulla comprensione reciproca, sul rispetto delle diversità e sulla condivisione di progetti di vita comuni.

D'altra parte, alcuni uomini potrebbero aver sperimentato un senso di smarrimento o confusione nell'adattarsi a questa nuova dinamica. La tradizionale idea di virilità e ruolo familiare potrebbe essere stata ridefinita, generando una sensazione di perdita di identità o di ruolo sociale.

Questi cambiamenti non avvengono in un vuoto sociale, ma in un contesto dove, nonostante progressi significativi, alcuni segmenti della società mantengono concezioni tradizionali di genere. Questo contrasto tra vecchie e nuove mentalità può generare tensioni e difficoltà all'interno delle relazioni, portando a una sfida nell'adattamento reciproco e nella gestione dei conflitti.

Inoltre, la percezione della violenza e la gestione dei comportamenti aggressivi possono variare tra uomini e donne. Le diverse prospettive psicologiche possono influenzare la comunicazione, la gestione dei conflitti e la percezione delle dinamiche relazionali, a volte creando fraintendimenti o difficoltà di comprensione reciproca.

Per comprendere meglio questi aspetti poniamo l accento sull'evoluzione delle caratteristiche legate alla guerra e alla comunicazione nelle dinamiche di genere ha radici profonde nella storia umana. Questi tratti comportamentali sono stati influenzati non solo dai ruoli assegnati agli uomini e alle donne nelle antiche società, ma anche dall'adattamento alle condizioni ambientali e dalla necessità di sopravvivenza.

Gli uomini, spesso coinvolti in attività che richiedevano forza fisica e risposte rapide alle minacce esterne, hanno sviluppato un comportamento più orientato alla competizione e alla difesa territoriale. Queste caratteristiche sono state selezionate attraverso l'evoluzione, contribuendo alla sopravvivenza delle comunità e alla protezione delle risorse.

D'altra parte, le donne, coinvolte principalmente nella cura dei figli e nell'organizzazione sociale delle comunità, hanno acquisito abilità relazionali più affinate. La comunicazione empatica, la capacità di gestire le relazioni interpersonali e la cooperazione sono diventate componenti essenziali per mantenere l'armonia e la coesione all'interno del gruppo.

È importante sottolineare che queste caratteristiche non sono fisse né universalmente presenti in tutti gli individui di un certo genere. Esistono differenze individuali significative che vanno oltre le generalizzazioni di genere, e l'ambiente sociale e culturale gioca un ruolo fondamentale nella formazione del comportamento e delle abilità di ogni persona.

Tuttavia, la trasmissione di queste caratteristiche attraverso i millenni ha plasmato tendenze comportamentali generali che ancora oggi influenzano le relazioni umane. Con il progresso sociale e la modernizzazione, gli uomini e le donne si trovano ad affrontare sfide e situazioni che richiedono un adattamento dei modelli comportamentali radicati nella storia evolutiva umana.

Questo capitolo si propone di approfondire l'evoluzione delle caratteristiche legate alla comunicazione nelle dinamiche di genere, esaminando il loro sviluppo storico e il modo in cui queste influenze continuano a manifestarsi nelle relazioni attuali.

Nel contesto della transizione dall'era del patriarcato al mondo moderno, gli uomini si trovano di fronte a un'ardua sfida: quella di adattarsi a un panorama sociale e culturale in rapida evoluzione. Questa transizione richiede un cambiamento radicale nei ruoli e nelle aspettative tradizionali, ponendo uomini e donne su un piano di parità e inclusione.

Questa transizione può essere particolarmente difficile per alcuni uomini, soprattutto per coloro che hanno cresciuto una mentalità patriarcale basata sulla dominanza e sulla supremazia maschile. L'adattamento a una nuova realtà, dove le dinamiche di potere sono diverse e più equilibrate, può generare disorientamento e frustrazione.

Inoltre, è importante considerare l'eredità del passato evolutivo, incisa nel DNA di ogni individuo. Milioni di anni di evoluzione hanno plasmato tratti comportamentali che possono rendere difficile il superamento di modelli comportamentali radicati, soprattutto per quegli uomini che manifestano tendenze più violente o sono meno propensi al cambiamento.

L'incapacità di adattarsi ai nuovi modelli sociali e di gestire le emozioni e le frustrazioni legate a questa transizione può portare alcuni uomini a reagire con aggressività, incapaci di trovare nuove modalità di interazione e di adattamento.

Questi uomini, spesso limitati mentalmente e culturalmente, possono sentirsi minacciati dalla perdita del loro precedente status e potere, reagendo con comportamenti aggressivi e reattivi anziché cercare di adattarsi e imparare nuove modalità di relazione.

In questo scenario, è essenziale promuovere un processo di educazione e sensibilizzazione che aiuti gli uomini a comprendere i cambiamenti in atto, incoraggiandoli a sviluppare nuove abilità relazionali e ad adottare modelli più equi e inclusivi. Questo capitolo mira a esaminare le sfide e i conflitti che gli uomini affrontano nel processo di adattamento al nuovo panorama sociale e culturale, evidenziando come il passaggio dall'era del patriarcato al mondo moderno possa generare disorientamento e difficoltà di adattamento. L'evoluzione sociale degli ultimi decenni ha portato a una ridefinizione dei ruoli di genere e dei modelli relazionali, sfidando i tradizionali schemi patriarcali. Questo cambiamento ha evidenziato la necessità per gli uomini di adattarsi a nuove dinamiche di potere e di relazione, lasciandosi alle spalle modelli di comportamento che, seppur radicati storicamente, possono risultare obsoleti e controproducenti nel contesto moderno.L'uomo contemporaneo si trova ad affrontare un complesso processo di transizione, in cui l'eredità evolutiva e culturale può ostacolare il raggiungimento di un equilibrio emotivo e comportamentale. I tratti comportamentali ereditati da millenni di evoluzione, quali la predisposizione alla competizione, alla dominanza o alla risposta aggressiva di fronte alle sfide, possono essere in conflitto con le richieste di una società moderna orientata verso la collaborazione, l'uguaglianza e il rispetto reciproco.

Per alcuni uomini, specialmente coloro che hanno vissuto in contesti culturali rigidamente patriarcali o che hanno una predisposizione a comportamenti violenti, questo cambiamento può generare confusione, frustrazione e una sensazione di perdita di identità o di controllo.

La difficoltà di adattamento a nuovi modelli comportamentali e relazionali può manifestarsi in comportamenti reattivi, in cui l'uomo, incapace di elaborare le sfide del cambiamento, potrebbe rispondere con aggressività o ribellione, cercando di preservare un vecchio status che non corrisponde più alla realtà contemporanea.

Tuttavia, è fondamentale comprendere che questo processo di adattamento non è lineare né omogeneo: ogni individuo reagisce in modo diverso e ha una propria storia personale che influenza la sua capacità di affrontare i cambiamenti. Questo percorso di transizione richiede un sostegno sociale e culturale, che offra agli uomini strumenti per comprendere e gestire le sfide del cambiamento. Programmi educativi, iniziative di sensibilizzazione e modelli positivi di mascolinità possono giocare un ruolo chiave nell'aiutare gli uomini a navigare questo processo di transizione in modo più costruttivo e adattivo.

Capitolo 2 : Differenze nelle reazioni alle aggressioni: Comunicazione e rispetto reciproco

Le differenze nell'approccio alla comunicazione e alle reazioni alle aggressioni tra uomini e donne sono tematiche complesse e influenzate da una serie di fattori psicologici, sociali e culturali. Spesso si osserva che le donne tendono ad esprimere la loro frustrazione o risentimento attraverso modalità verbali più sfumate, utilizzando una comunicazione più indiretta o passiva-aggressiva.

D'altra parte, gli uomini potrebbero manifestare una reazione più diretta, talvolta attraverso comportamenti fisici o verbalmente più espliciti e frontali. Questi modelli di comunicazione e reazione, se non gestiti in modo consapevole, possono generare fraintendimenti e tensioni nelle relazioni.

È importante riconoscere che entrambi i modi di comunicare e reagire possono avere impatto negativo sulle dinamiche relazionali. L'aggressività verbale delle donne e la diretta franchezza degli uomini possono causare ferite emotive e danni alla relazione stessa.

In realtà, sia uomini che donne dovrebbero impegnarsi a sviluppare modalità di comunicazione più costruttive e rispettose. Questo implica la capacità di ascolto attivo, l'empatia e la volontà di discutere apertamente, senza cadere nella trappola dell'offesa reciproca.

Un passo fondamentale sarebbe quello di imparare a gestire le emozioni negative in modo costruttivo, evitando reazioni impulsiva o lesive. Il rispetto reciproco e la consapevolezza delle diverse modalità di comunicare e reagire possono aiutare a promuovere un dialogo più sano e rispettoso all'interno delle relazioni.

Le differenze nelle reazioni alle aggressioni tra uomini e donne spesso si manifestano attraverso differenti modalità di comunicazione. Le donne tendono ad essere più propense a esprimere le proprie frustrazioni o disagi verbalmente, utilizzando spesso una comunicazione più sfumata o indiretta. Gli uomini, d'altro canto, possono reagire in modo più diretto, anche fisicamente, quando percepiscono una minaccia o un attacco.

In entrambi i casi, sia uomini che donne dovrebbero essere incoraggiati a trovare modi di comunicare che promuovano il rispetto reciproco. Una comunicazione aperta e onesta, accompagnata da un atteggiamento di ascolto attivo e di comprensione delle prospettive dell'altro, può contribuire a ridurre gli scontri e a prevenire la trasformazione dell'aggressività in situazioni più gravi.

Educare sia uomini che donne a una comunicazione costruttiva può essere fondamentale per migliorare le interazioni relazionali. Imparare a esprimere le emozioni in modo chiaro e rispettoso, sviluppando capacità di ascolto empatico, può aiutare a ridurre i conflitti e a prevenire situazioni di escalation.

Un punto cruciale per migliorare la comunicazione e ridurre le aggressioni verbali e comportamentali è la consapevolezza delle differenze nelle modalità di espressione e reazione. Spesso, le donne potrebbero sentire la necessità di esprimere le proprie preoccupazioni o frustrazioni in modo indiretto, utilizzando toni più soft o modalità non dirette, mentre gli uomini potrebbero tendere a comunicare in modo più diretto e assertivo.

Queste differenze non implicano una superiorità di un modo rispetto all'altro, ma evidenziano la varietà di stili comunicativi presenti nelle relazioni umane. Tuttavia, è fondamentale comprendere che l'aggressività verbale o comportamentale, indipendentemente dalla forma in cui si manifesta, può danneggiare profondamente la qualità della comunicazione e delle relazioni.

Invece di perpetuare stereotipi o giudizi, è essenziale per entrambi i generi sviluppare una consapevolezza delle proprie modalità di comunicazione e un impegno per un dialogo più rispettoso e costruttivo. Questo richiede una maggiore apertura all'ascolto attivo, alla comprensione delle prospettive altrui e alla gestione delle emozioni in modo positivo.

L'obiettivo non è negare la validità di alcun modo di comunicare, ma piuttosto promuovere una riflessione sulla necessità di evitare l'aggressività nelle interazioni quotidiane. La costruzione di relazioni sane e durature si basa sulla capacità di gestire i conflitti attraverso il dialogo aperto, il rispetto reciproco e l'empatia, senza ricorrere a comportamenti lesivi.

Spunti di riflessione dovrebbero attivati su come uomini e donne possono adottare una comunicazione più costruttiva e rispettosa all'interno delle relazioni, abbattendo le barriere della differenza di genere e lavorando verso una convivenza più armoniosa e soddisfacente.

Capitolo 3: Differenze e Similitudini nelle Reazioni tra gli Individui

Le differenze di reazione tra uomini e donne di fronte alla violenza e al contesto sociale violento possono manifestarsi in modi diversi. Le donne, spesso, potrebbero reagire mostrando una maggiore propensione alla verbalizzazione delle emozioni, cercando soluzioni attraverso il dialogo e la ricerca di supporto nelle relazioni sociali. Gli uomini, d'altro canto, potrebbero tendere a manifestare la loro reazione attraverso una risposta più fisica o con comportamenti di sfida.

Nonostante le differenze nelle reazioni, uomini e donne possono condividere similitudini nel modo in cui affrontano situazioni violente. Entrambi i generi potrebbero reagire cercando di proteggere se stessi o gli altri, ricercando sicurezza e protezione, e tentando di adottare strategie per gestire e superare la situazione. Inoltre, entrambi potrebbero cercare supporto sociale e psicologico per affrontare il trauma subito.

Le differenze nelle reazioni tra uomini e donne di fronte alla violenza e al contesto sociale violento possono rispecchiarsi anche nelle modalità di gestione emotiva. Le donne tendono a manifestare reazioni emotive più sfumate e a cercare soluzioni attraverso la comunicazione e il coinvolgimento emotivo. Gli uomini, d'altra parte, potrebbero reagire con maggiore propensione a esprimere rabbia o a cercare soluzioni in modo più pragmatico, con una certa tendenza a nascondere le emozioni.

Nonostante le differenze, uomini e donne possono condividere similitudini nella ricerca di meccanismi di adattamento e resilienza. Entrambi i sessi possono elaborare strategie di coping per affrontare situazioni traumatiche, cercando sostegno emotivo e adottando strategie di auto-preservazione e protezione. Inoltre, entrambi possono ricorrere alla ricerca di aiuto professionale per affrontare il trauma e superare gli effetti della violenza subita.

Potere, Controllo e Dominanza nelle Relazioni. Un aspetto importante che interviene nelle tristi situazioni di femminicidio riguarda le dinamiche relazionali che culminano nei femminicidi spesso si intrecciano con la questione del potere, del controllo e della dominanza all'interno delle relazioni di coppia. Talvolta, l'equilibrio del potere può diventare distorto, portando a una situazione in cui uno dei partner, spesso l'uomo, esercita un controllo eccessivo sull'altro.Il bisogno di controllo può manifestarsi in varie forme, dall'isolamento della partner fino al controllo delle sue azioni, delle sue amicizie e delle sue libertà personali. In alcuni casi estremi, questo controllo si traduce in violenza fisica o psicologica, con l'obiettivo di sottomettere e mantenere il potere all'interno della relazione. E' importante sottolineare che questo aspetto interviene da parte di entrambe i sessi. L'uomo in un rapporto di coppia malsano può' tentare di imporre la propria volontà' annullando quella del partner, ma questo contorto atteggiamento può' avvenire anche da parte della donna. La differenza spesso consiste nelle diverse reazioni qualora non si riesca ad ottenere tale controllo. Nell' uomo interviene un senso di impotenza che sfocia in aggressività' mentre nella donna si innesca un processo tale da portarla alla ricerca di un nuovo partner. Cosa succede invece se il partner riesce nell' intento di annullare l'altra parte? Nella maggior parte dei casi sia per l uomo che per la donna dominante si insinua un comportamento sempre più' denigrante e degenerativo volto a recare un masochistico dolore psicologico al partner per arrivare in alcun casi perfino alla violenza fisica perdendo del tutto quel minimo di ritegno nei confronti della controparte. Stiamo parlando chiaramente di persone psicologicamente labili e che hanno sicuramente bisogno di cure psichiatriche molto accurate.

Ruolo della Cultura e delle Aspettative Sociali nelle Relazioni di Coppia

Le relazioni di coppia sono influenzate in modo significativo dalle aspettative sociali e culturali che permeano la nostra società. Le norme culturali possono svolgere un ruolo determinante nella definizione dei ruoli di genere e delle aspettative all'interno della relazione.

Le visioni tradizionali sull'uomo come capofamiglia e la donna come figura sottomessa hanno influenzato per secoli la percezione delle dinamiche relazionali. Anche se la società sta evolvendo, alcune strutture culturali ancora enfatizzano il concetto di mascolinità dominante e di femminilità sottomessa.

Queste aspettative possono mettere pressione sulla coppia, generando conflitti e disfunzioni nelle relazioni. Il tentativo di adattarsi a questi modelli tradizionali, spesso superati e limitanti, può portare a tensioni, frustrazioni e in alcuni casi alla violenza, quando uno dei partner non riesce ad accettare o a rispettare la parità e l'equilibrio all'interno della relazione.

È fondamentale esaminare e contestualizzare queste dinamiche culturali e sociali all'interno del contesto dei femminicidi, in quanto contribuiscono alla formazione delle relazioni di coppia e possono innescare o aggravare situazioni di violenza e controllo.

Le intricate dinamiche relazionali possono condurre ai femminicidi, analizzando il potere, il controllo e la dominanza all'interno delle relazioni, nonché il ruolo fondamentale della cultura e delle aspettative sociali nel plasmare queste interazioni tra partner. Si rimarca l'importanza di comprendere e affrontare questi fattori nelle relazioni per prevenire situazioni estreme di violenza di genere.

Capitolo 4: Le Dinamiche della Scelta del Partner Aggressivo

Attrazione verso Comportamenti Dominanti e Narcisistici

Spesso, le donne possono essere attratte da uomini con comportamenti dominanti, sicuri di sé e anche narcisisti. Questo perché tali comportamenti possono essere interpretati come sicurezza personale o forza, mentre un uomo più gentile e sensibile viene talvolta considerato debole o poco interessante. L'attrazione verso uomini "alfa" da alle donne una sensazione di protezione, anche se questi comportamenti celano spesso un lato aggressivo e violento.

La società, spesso, attribuisce un valore alla forza e alla sicurezza, mettendo in ombra le qualità più gentili e compassionevoli. Questo può influenzare le scelte delle donne, spingendole ad essere attratte da uomini che proiettano un'immagine di sicurezza e potere, anche se questo comporta rischi di violenza e comportamenti tossici.

Le donne coinvolte in relazioni con partner aggressivi possono sviluppare una sorta di "sindrome della crocerossina", credendo che l'uomo abbia bisogno del loro aiuto o della loro presenza per sentirsi amati e importanti. Questo può alimentare un senso di possesso, portandole a credere di essere indispensabili per questi uomini. Tuttavia, questa convinzione può peggiorare la situazione, mantenendo la dipendenza emotiva e il senso di possesso dell'uomo.

Le donne, talvolta, possono idealizzare tratti di personalità dominanti quali sicurezza, assertività e indipendenza, attribuendo loro un valore superiore rispetto alla sensibilità e alla gentilezza. Questa idealizzazione può portare a un'attrazione verso uomini che manifestano comportamenti narcisistici e autoritari, percependoli erroneamente come segno di potere e protezione.

I modelli culturali e sociali possono influenzare la percezione della femminilità e della mascolinità. In alcuni contesti, l'idea di mascolinità è associata a comportamenti aggressivi e violenti, mentre la sensibilità e la gentilezza vengono erroneamente considerate come segni di debolezza. Questa concezione influisce sulla scelta del partner, con una predilezione verso uomini che rispecchiano stereotipi di mascolinità dominante.

Le donne coinvolte in relazioni con partner aggressivi possono cadere in un ciclo di dipendenza emotiva. La percezione di protezione offerta da questi uomini può essere illusoria, portando le donne a rimanere in una relazione pensando di poter cambiare il comportamento del partner o di essere in grado di "salvarlo". Come detto tali comportamenti spingono spesso le donne a scegliere un partner che di per se cela dei comportamenti negativi che vengono a galla nelle prime rappresaglie. Uomini di questo tipo sono gli stessi che rischiano di convogliare sulle donne tutte le loro negatività' infliggendogli dei trattamenti di violenza psicologia che possono sfociare anche in violenza domestica. l'essere accentrati su di se ed eccentrici portatali uomini in relazioni a senso unico dove la loro figura dominante si trasforma in un padrone impietoso, prepotente e arrogante. Non riescono ad avere un dialogo e tanto meno mettersi in gioco ma la loro parola e' legge e la impongono anche con la violenza se necessario. Tutti devono seguire i loro ordini senza discutere, l' insubordinazione non e' contemplata poiché' loro sono i più' intelligenti, determinati e non sbagliano mai! Cercare di parlare con queste persone e' completamente inutile, non cercano il dialogo in quanto lo vedono solo come una perdita di tempo tanto alla fine hanno sempre ragione loro , non potrebbe essere diversamente.

Purtroppo questa indole violenta e narcisistica viene spesso celata da questi individui sapendo che in fondo vi e' qualche cosa di malsano in CIO' ed esce fuori solo quando sanno di avere il controllo sulla situazione e sulle persone malcapitate. Bisogna dire che in queste situazioni a subire tali violenze non sono solo le donne ma anche i bambini che il più' delle volte diventano mezzo di ricatto da parte di costoro per avere il controllo sul partner.

Capitolo 5: Contesto Sociale e Crescente Aggressività

Le donne nel Contesto Sociale della Violenza Dilagante. Il contesto sociale attuale è caratterizzato da un'aggressività dilagante e da una mancanza crescente di principi morali e valori civili. Questo fenomeno non è isolato ma è il risultato di molteplici influenze sociali, culturali ed economiche che si intrecciano nella nostra società contemporanea. Osserviamo un'escalation di violenza e mancanza di rispetto reciproco, manifestata in molteplici forme, dall'inciviltà nelle relazioni quotidiane fino all'aumento di crimini violenti. La mancanza di etica e di principi morali si riflette nell'aumento degli abusi contro gli anziani, nei fenomeni di bullismo nelle scuole, nell'aggressività tra colleghi sul luogo di lavoro e nei crescenti episodi di aggressioni tra individui. Viviamo in una società' dove il furbetto del quartiere viene visto come l 'esempio da seguire e da imitare. Coloro che fanno soldi anche in maniera poco chiara e navigando nel torbido ai limiti della legalità' ed a volte superandoli, sono apprezzati e stimati attirando cosi' l' attenzione del genere femminile e questo porta ancor più' nell' essere imitati dai ragazzi che desiderano appunto avere denaro facile e conquistare ragazze. Tutto ciò' innesca un sistema contorto per cui gli uomini con un elevato senso civico e rispettosi delle regole vengono visti come gli "sfigati" di turno mentre i delinquenti e gli esseri ignobili sono considerati gli uomini di successo anche se per il loro modo di fare e carattere spesso sono violenti e irrispettosi dei diritti civili sopratutto dei più' deboli utilizzando la violenza come mezzo di comunicazione e per imporsi sugli altri. Dal punto di vista del rapporto con le donne chiaramente questo si riserva in maniera negativa instaurando una relazione che inevitabilmente sfocia nei momenti di difficoltà e di artrito in situazioni violente ed estreme.

Impatto di Questo Contesto sull'Aggressività Individuale. Questo contesto sociale ha un impatto significativo sulla crescita dell'aggressività tra gli individui. La mancanza di un terreno fertile per la diffusione di principi morali e di rispetto reciproco favorisce l'emergere di comportamenti aggressivi. L'aggressività diventa un modo per esprimere la propria frustrazione, mancanza di controllo e la ricerca di potere, specialmente nelle dinamiche relazionali. Un aspetto importante riguarda anche gli atteggiamenti omosessuali aggressivi, spesso una manifestazione delle stesse dinamiche presenti nelle relazioni eterosessuali. L'ambiente sociale influisce anche sui comportamenti omosessuali, dove l'aggressività può derivare dalla pressione sociale, dall'omofobia internalizzata e dalla lotta per affermare il proprio spazio e la propria identità in un contesto che spesso non accetta le differenze. L'Aggressività' sociale si può' cogliere in pieno sui social media dove gli individui in maniera del tutto irrispettoso e con una estrema cattiveria interiore denigrano e insultano in maniera anche deplorevole chiunque non gli vada a genio per il sol gusto di poterlo fare nascondendosi dietro uno schermo senza metterci la faccia. Persone che nel quotidiano possono anche sembrare bravi cittadini rispettosi delle regole ma per il mero fatto dell'apparire e per la paura di essere giudicati direttamente oltre eventuali sanzioni civili e penali previsti dalla legge e dalla società'.

Aggressività Verbale e Bullismo tra Donne. Il fenomeno più' evidente e grave che possiamo notare nella realtà contemporanea, consiste in un aumento dell'aggressività verbale e del bullismo tra donne. Questo fenomeno si manifesta in molteplici contesti, come sul luogo di lavoro, nelle dinamiche sociali e nelle relazioni personali. L'aggressività verbale può essere esercitata attraverso insulti, umiliazioni o sprezzanti commenti, minando la fiducia e il benessere emotivo delle persone coinvolte.Il bullismo tra donne è una realtà preoccupante che spesso viene sottovalutata. Le dinamiche relazionali possono sfociare in comportamenti aggressivi mirati a isolare, denigrare o emarginare altre donne, alimentando un clima di tensione e rivalità dannoso per il benessere psicologico di tutti i coinvolti. Questo fenomeno chiaramente porta le donne sullo stesso piano ignobile degli uomini aggressivi e vili quelli che vengono definiti i "furbetti" narcisisti e spesso violenti. Quando queste due realtà' si scontrano e' inevitabile che le relazioni sfocino in scontri violenti dove purtroppo per una superiorità' di forza fisica l'uomo ha la meglio. Se prendiamo in considerazione questo aspetto dell'aggressività' crescente delle donne legato all'aspetto della selezione del proprio partner considerando l'uomo ideale come colui che si dimostra estremamente sicuro di se, deciso e spesso aggressivo nei confronti degli altri oltre che narcisista, la conseguenza che ne deriva e' inevitabile. Chiaramente questi sono aspetti generali, ogni caso e' da considerarsi a se. Pero' questi aspetti appena descritti purtroppo influenzano in generale la società' attuale. Basti pensare che in generale nessuna donna sceglierebbe come proprio partner quello che una volta veniva visto dalle mamme come "il bravo ragazzo" che in un contesto sociale attuale non viene identificato come il maschio "alfa" ma come lo sfigato di turno. Il bravo ragazzo, buono carino viene visto dalle donne come l amico perfetto, affidabile ma che non fa perdere la testa perché' troppo zerbino e troppo sottomesso senza considerare che forse proprio questi aspetti in realtà' sono sinonimi di rispetto nei confronti degli altri ed in particolare dell'altro sesso e di educazione legato al senso civico profondamente radicato in costoro. Chiaramente questo non li esclude del tutto dal trasformarsi in potenziali "femminicidi" bisogna vedere il singolo caso e sopratutto l'aspetto psicologico di costoro che può' essere insano e camuffato da "bravo ragazzo" ma che in realtà' cela una vera e propria mina vagante pronta ad innescarsi per diversi motivi ed esplodere in una inaspettata violenza inaudita. Ma questi sono casi estremi e sono facilmente intuibili conoscendo a fondo la persona specie in situazioni difficili ed estreme. Infatti, in questi casi costoro non sanno reagire e cadono in una situazione di possessione e di disperazione perversa considerando la persona "amata" come il loro motivo di vita senza la quale tutto cade senza alcuna speranza. Queste sono persone fragili psicologicamente e spesso possono avere reazioni inaspettate ed anche estreme che sfociano in azioni di persecuzione psicologica. Tale azioni inizialmente fanno leva sulla pietà' dell' expartner cercando di sensibilizzarlo al dolore dell'abbandono che vivono costoro per poi divenire una vera e propria "fissa" mentale. Come detto ci troviamo di fronte a casi patologici ed estremi ma comunque da prendere in considerazione e spesso neanche gli stessi soggetti che soffrono di tali situazioni psicologiche ne sono a conoscenza. Mancano quindi dei centri di ascolto,dove la coppia possa risolvere i problemi che si vengono a creare. Spesso purtroppo la coppia cerca di affrontare questi problemi da sola ma e' proprio in casi di difficoltà' ed ai primi sentori di disaggio grave di comportamenti ai limiti del vivere e convivere civile che si dovrebbe fare ricorso all'aiuto di esperti e di strutture messe a disposizione dallo stato e da associazioni private per palesare eventuali atteggiamenti che potrebbero degenerare in atti di violenza. Chiaramente non e' sempre facile convincersi e convincere il partner nel recarsi presso esperti psicologi per ricevere aiuto. Purtroppo si ha la convinzione di riuscire a risolvere la situazione da soli oppure nel caso più' sbagliato e pericoloso. Vi e' la convinzione nelle donne che basti un netto "NO" per troncare una situazione ma in realtà' si innesca una catena di conseguenze che porta a scatenare pensieri e situazioni psicologiche recondite le quali possono degenerare sempre più' in azioni di persecuzione e atti di violenza per una generata da un disaggio dovuto dalla sensazione di abbandono e rifiuto non accettato e aggravato dalla mancanza totale di metabolizzare dette situazioni.

Scontri Violenti tra Bande di Giovani Donne. Riprendendo il discorso della violenza dilagante anche tra le donne, parimenti, assistiamo a scontri violenti fisici tra bande di giovani donne, un fenomeno emergente e preoccupante. Questi episodi possono essere legati a rivalità territoriali, competizioni sociali o provocazioni online, spingendo le giovani coinvolte a manifestare la propria aggressività in confronti fisici. Queste situazioni spesso sfociano in ferite fisiche e cicatrici emotive profonde. Assistiamo a delle vere e proprie spedizioni punitive effettuata da ragazze dei confronti di altre ragazze o ragazzi per questioni di gelosia o anche per assurde situazioni territoriali o ancora di "mancanza di rispetto". La cosa peggiore di detti aspetti e' che spesso le ragazze promotrici di tali azioni violente vengono viste come persone da rispettare e da imitare. Ricevono quindi il consenso e l'ammirazione delle altre ragazze e dagli stessi ragazzi avvallando tali azioni violente ed incoraggiandole. Negli ultimi decenni, si è assistito a un'evoluzione del ruolo delle donne anche all'interno di contesti di violenza sociale. Le donne, in alcuni casi, hanno assunto un ruolo attivo all'interno di mini bande o gruppi violenti. Questo cambiamento può essere correlato a diversi fattori, come la ricerca di appartenenza, la difesa territoriale o l'adesione a dinamiche di gruppo fortemente influenzate dall'ambiente circostante. Sopratutto influenza deviata di influencer con tendenza alla violenza ed aggressività', ad uno stile di vita senza regole e senza rispetto per gli altri ma concentrati sul proprio ego e sulla mera ricerca della ricchezza. Il coinvolgimento delle donne in mini bande o gruppi violenti può avere un impatto significativo sul contesto sociale. Può influenzare le dinamiche di potere all'interno di questi gruppi e cambiare la percezione sociale riguardo alla partecipazione femminile in contesti violenti. Inoltre, il bullismo tra donne contribuisce a creare un ambiente sociale dove la violenza è normalizzata, con conseguenze negative sul benessere psicologico individuale e sulla coesione sociale. I coinvolgimento delle donne in contesti di violenza sociale e mini bande ha radici complesse. Le donne possono essere presenti in queste realtà per diversi motivi, tra cui la ricerca di un senso di appartenenza, la protezione di un territorio o la coesione con gruppi sociali percepiti come forti o protettivi. Questo ruolo attivo può essere una risposta a un ambiente sociale problematico o a dinamiche familiari disfunzionali. Ma anche alle campagne femministe che purtroppo a volte sono sfociate in vere e proprie azioni violente con toni molto accessi fermentando un' aggressivita eccessiva e a volte con tratti estremi divenendo non più' un movimento per il riconoscimento dei diritti delle donne ma una vera e propria caccia all'uomo denigrando e accusando l 'altro sesso perdendo ogni cognizione del convivere civile. Basti ricordare le tante campagne condotte dalle femministe dove alla base vi era una vena di insano odio e intolleranza fino a sfociare addirittura nella richiesta della castrazione chimica e nell' umiliazione fisica e mentale di alcuni uomini anche se colpevoli di lievi atti sessuali sulle donne. Chiaramente non si vuole in questo contesto non riconoscere il diritto delle donne ad essere rispettate ma proprio rimarcare in concetto che non si può' chiedere il riconoscimento di diritti andando a privare altri di diritti fondamentali come quelli della dignità' umana. In sostanza la violenza e l'odio alla base di queste campagne e correnti femministe estreme ha contribuito in qualche modo nella divisione e nell'incremento delle distanze tra i due sessi. Alla base sostanzialmente e' venuto a mancare la comunicazione e il riconoscimento di detti diritti portati avanti in maniera pacifica e civile puntando sulla esaltazione della diversità' come qualità' che completano l'uomo e la donna anziché' come motivo di divisione e divergenza. La diversità' in ogni sua forma deve essere tutelata e coltivata poiché' se giustamente veicolata può' essere un arricchimento sociale. Per anni si e' cercato di porre le donne e l'uomo sullo stesso piano eliminando le diversità' che invece andavano coltivate proprio perché' dette diversità' che la natura ha donato all'essere umano, sono il mezzo per raggiungere un livello sociale e culturale superiore. Ma per fare ciò' bisogna capire ed accettare le diversità' e non eliminarle in nome dell'uguaglianza. Questo concetto e' corretto se lo si guarda dal punto di vista dei diritti che giustamente devono essere riconosciuti a tutti a prescindere dal sesso, religione, credenza, razza e quanto altro rende gli uni diversi dagli altri. Ma se cerchiamo di porre le donne sullo stesso piano dell'uomo eliminando le diversità' andiamo a danneggiare quel giusto equilibrio naturale che dovrebbe esistere tra i sessi. Dovremmo esaltare le diversità' nel rispetto e tolleranza proprio al fine di coglierne le occasione che da esse possono emergere. Diversamente rischiamo di avere tutti allo stesso livello senza alcuna creatività' o modo di distinguersi, peggio ancora se si arriva a questo mediante l'odio e la violenza. Abbiamo una doppia forzatura dello stato naturale, da una parte eliminiamo tutte quelle differenze caratteristiche dei due sessi e dall'altra parte si arriva a cio" con un metodo violento che umilia entrambe i sessi ma sorprattutto il convivere civile. Questo ha portato per alcuni versi all'espropriazione della femminilita' delle donne rendendole più' mascoline danneggiando il delicato equilibrio tra i sessi. Soprattutto bisogna evitare il pericoloso errore di portare questo fenomeno del femminicidio ai livelli di una lotta di genere tra uomini e donne. Bisogna evitare di generalizzare e considerare che solo una parte estremamente piccola di uomini sono autori di questi atti spregevoli ripudiati dalla tutti gli altri uomini. Ma soprattutto bisogna evitare di creare quella sorta di paura e timore nei rapporti tra uomini e donne dove gli uomini disorientati dalle diverse normative sociali e legislative non sanno più' come comportarsi ed interagire con la donna evitando spesso di approcciarsi per paura di fare qualche cosa non approvata dalla società'. Questo complica e va ad inficiare il naturale rapporto tra uomini e donne che bada bene, deve sempre essere impostato sul rispetto reciproco e sulle buone maniere. Purtroppo siamo arrivati a situazioni tali che un semplice apprezzamento o una corte eccessiva porta perfino ad un eventuale reato penale. Quello che una volta poteva essere un normale complimento oggi può' essere etichettato come azione sessista e maschilista. Capite bene che questo confonde chiaramente il genere maschile tanto da portarli nel non prendere più' neanche iniziative. Per fare un esempio esplicativo, se un uomo approccia una donna facendogli il complimento su qualche parte del suo corpo rischia un processo penale o la gogna sociale mentre parimenti se e' una donna a fare lo stesso complimento ad un uomo risulta tutto normale senza destare alcun disprezzo da parte di nessuno.

Ritornando al fenomeno del bullismo tra donne questo ha acquisito crescente rilevanza, manifestandosi attraverso comportamenti aggressivi, manipolativi o ostracizzanti. Questo fenomeno è spesso legato a dinamiche di potere, gelosia, competizione per risorse o a desideri di controllo all'interno di gruppi sociali. Il bullismo tra donne può influenzare profondamente la percezione delle relazioni interpersonali, generando sfiducia, insicurezza e compromettendo il benessere psicologico individuale. Il bullismo femminile lo rivediamo in particolar modo sui social. Questo chiaramente e' una caratteristica del genere femminile più' propenso ad una violenza verbale anziché' fisica. Chiaramente entrambe i modi di umiliare l'altro sono riprovevoli e vili ed entrambe possono avere conseguenze funeste come abbiamo avuto modo di vedere tante volte dalle cronache. E' superfluo rimarcare il fatto che la parola certe volte può' ferire più' di una lama ed in questo il genere femminile purtroppo e' maestra. Non mancano chiaramente atti di violenza anche fisici da parte delle donne come abbiamo avuto modo di osservare soprattutto negli ultimi anni.

Considerazioni su Questi Comportamenti.

È importante esaminare attentamente questi comportamenti e comprendere le loro radici. L'aggressività tra donne può derivare da molteplici fattori, tra cui la competizione sociale, la scarsa autostima o la ricerca di controllo all'interno delle relazioni. La società contemporanea, pur promuovendo l'empowerment femminile, deve affrontare e prevenire questi atteggiamenti aggressivi tra donne attraverso l'educazione, la consapevolezza e l'incoraggiamento di relazioni basate sul rispetto reciproco. La situazione e' sicuramente preoccupante e i motivi sono diversi e sopratutto di non facile comprensione nonché' risoluzione. Sicuramente vi e' una depravazione sociale che porta i ragazzi e le ragazze nel prendere come esempio sociale persone inette, aggressive, privi di valori morali e di senso civico, considerandole come idoli in quanto realizzate incoronando il sogno del successo e della ricchezza nonostante il loro comportamento irrispettoso e del tutto egoistico, rigettando le regole della società' imponendo il loro modo di essere e di fare. Questi comportamenti che dovrebbero essere oppressi e corretti dalla società' li troviamo invece avvallati ed esaltati. Il resto chiaramente viene da se e le conseguenze a lungo andare portano ai risultati che stiamo vedendo attualmente. Tali situazioni sono solo l'inizio di quello che potremmo definire "degrado dei valori civili e sociali". In una società' accentrata sul denaro, sulla ricchezza, sulla esaltazione della stessa, sul egocentrismo e rigetto delle regole sociali, chiaramente non può' portare nulla di buono. Assistiamo ad esempio a repper ed influencer che incitano alla violenza, alla mancanza del rispetto delle regole sociali, al denaro e potere che ne comporta, asservendo a se un sempre crescente pubblico di seguaci. Se i simboli e gli esempi che questi ragazzi ricevono sono questi chiaramente non possiamo aspettarci che i valori e il senso civico abbiano la meglio sia nei rapporti sociali che tra le coppie. Se il rispetto viene inteso come quello che si ottiene con la "violenza" mentre i valori civili e l'educazione vengono visti come caratteristiche da "sfigati" la società' che ne deriva e' completamente opposta rispetto a quello che dovrebbe essere, ci troviamo di fronte una società' deviata e perversa. L'aspetto più' preoccupante e' che tale società' con il trascorrere del tempo e delle generazioni rischia di divenire la realtà' odierna e la quotidianità' normale quindi accettata da tutti. In breve rischiamo che questa società' perversa diventi la normalità' mentre coloro che rispettano i valori civili e sociali ponendo gli altri prima dell'egoismo personale rischiano di divenire l'eccezione, isolati e denigrati dalla società' stessa. Purtroppo si potrebbe e si dovrebbe invertire su queste tendenze, inculcando nei giovani il senso civico e il rispetto per gli altri ma tale azione dovrebbe derivare dalle stesse famiglie, cosa che purtroppo non si verifica. I motivi anche in questo caso sono diversi e imputabili principalmente alla società' attuale. E' un dato di fatto purtroppo la mancanza di una comunicazione all'interno della famiglia stessa e di una sana socializzazione. Vediamo sempre più' spesso genitori assenti che per questioni di tempo e lavoro che delegano ad estranei la crescita dei propri figli e parlo non solo delle istituzioni scolastiche ma anche di baby sitter e domestici. Quella che rappresentava il mattone alla base della società' cioè' la "famiglia" si e' disgregata ed e' venuta meno. In famiglia non si comunica più', quelli che erano i momenti di integrazione come i pasti sono divenuti dei semplici atti necessari per alimentarsi e spesso non si mangia più' 'tutti insieme a tavola. Nei rari casi in cui si verificano questi momenti di aggregazione, gli stessi sono resi vani dalla presenza della TV o degli smartfone. Non vi e'comunicazionee e scambio di opinioni nonché' confronto. I genitori conoscono sempre meno dei propri figli e questi ultimi sono sempre più' estranei alla famiglia identificando la famiglia come i loro amici, i loro idoli e persone estranee. Quindi diventa difficile per un genitori comunicare con i propri figli ma ancor più' diventa quasi del tutto impossibile farsi rispettare o peggio ancora farsi ascoltare in eventuali insegnamenti da trasmettere e quindi nella mera educazione della prole. I genitori non vengono più' rispettati ed identificati come figure di riferimento ma solo come necessari per il proprio sostentamento e per la emissione "paghetta". Quindi quali valori possono ricevere le nuove generazioni? O meglio quali esempi seguono e quali sono le figure di riferimento di questi ragazzi? Purtroppo come detto le figure di riferimento diventano inevitabilmente gli amici, la bend, gli idoli i quali spesso nutrono sentimenti di sdegno nei confronti della società' e delle istituzioni all' insegna del dio denaro e della vita da strada. Per tali motivi poi troviamo che le stesse istituzioni scolastiche il cui importantissimo compito, insieme ai genitori, dovrebbe essere quello di dare una educazione civica a questi ragazzi, si trovano in gravi difficoltà e nella totale impossibilita' di agire. La causa di ciò' e' da imputare alla sempre più' devastante e crescente ingerenza dei genitori nella scuola e quindi la modifica che ha subito negli anni vedendo i genitori sempre più' influenti nell'istituzione scolastica tanto da limitare quasi del tutto quello che era l'azione degli insegnanti nei confronti degli alunni. Questo ultimo aspetto spesso passa in secondo piano ma dal punto civico e sociale insieme all'aspetto della mancanza di una condivisione all'interno della famiglia costituiscono le principali cause di una completa diseducazione delle nuove generazioni contribuendo al degrado sociale a cui assistiamo inermi. Basti vedere i casi più' eclatanti di aggressioni che si sono avuti da parte degli alunni nei confronti dei loro stessi docenti. Aggressioni per futili motivi sopratutto innescati dal tentativo da parte dei docenti di dare delle regole e imporre un giusto senso civico ai loro alunni. Se a questo poi aggiungiamo la sempre più' crescente influenza dei genitori che intervengo nel lavoro di questi educatori avvallando il comportamento dei propri figli e vaneggiando tutto l'operato dei docenti porta da se come conseguenza l'impossibilita di costoro nel trasmettere dei giusti valori e senso civico a questi ragazzi. Quindi da una parte abbiamo una famiglia inesistente, poi vediamo dei genitori troppo permissivi che presi dai sensi di colpa della loro totale assenza in famiglia cercano di discolparsi dando ai loro figli tutto quanto da essi viene richiesto e coprendoli in ogni modo contro tutti e difendendoli ad oltranza anche nei loro comportamenti più' sbagliati e disastrosamente diseducativi. Questo lo si riversa anche in ambito scolastico dove i genitori coprono ad oltranza i propri figli nei confronti degli insegnati minacciando spesso gli stessi educatori mediante azioni legali intimandoli e limitandoli nel loro lavoro di insegnanti ma soprattutto di educatori. In questo modo non solo danneggiano i propri figli ma anche tutti gli altri ragazzi poiché' i docenti che chiaramente non sono "volontari della croce rossa" non si emulano per la causa rischiando di mettere a repentaglio la propria situazione economica e quindi il proprio lavoro limitandosi nel loro compito di istruttori stando molto attenti ad attenersi scrupolosamente al mero programma da seguire. Questo porta la scuola nel divenire una struttura svuotata dal loro senso sociale e di educatore della vita civile rimanendogli sono un mero scopo di istruzione che spesso non viene neanche portato a termine nel modo migliore dato che anche in questo caso incombe l'influenza dei genitori e la velata minaccia degli stessi nelle situazioni in cui i propri figli non dovessero avere i risultati sperati. Le conseguenze di queste situazioni le troviamo quindi in una società' senza regole, violenta e spesso oltremodo ignorante convinta che l'istruzione non e' tutto dato che per divenire ricchi e famosi basta seguire i loro idoli e le loro false chimere. Gia' da questi comportamenti dei genitori e il denigrarsi della vita familiare nonché' l'influenza negativa di costoro sull'istituzione scolastica possiamo vedere la conseguenza che e' alla base di questo degrado sociale in cui viviamo adesso. Se i genitori trovassero più' tempo per trascorrere con i propri figli cercando di parlare e comunicare con loro ed essere presenti soprattutto nei momenti difficile e creare situazioni di aggregazione e discussione in famiglia, forse potrebbero partecipare di più' alla vita dei propri figli e creare un legame costruttivo basato sulla fiducia in modo da essere ascoltati nel trasmettere dei valori e principi sani. Il problema e' che purtroppo troppo spesso nelle famiglie non vi e' aggregazione, le famiglie sono disgregate e i genitori il più' delle volte sono separati o divorziati. In questo modo diventa ancora più' complicato riuscire a trovare momenti di aggregazione con i propri figli. Chiaramente questi sono argomenti che andrebbero ulteriormente sviscerati e approfonditi, ma il concetto su cui vogliamo porre l'accento rappresenta la causa che e' alla base di una società' violenta che sfocia come conseguenza anche nel fenomeno del "femminicidio".

Capitolo 6: Violenza Femminile verso gli Uomini e infanticidi

Dinamiche di Violenza Femminile. La violenza delle donne verso gli uomini è un fenomeno spesso sottovalutato ma significativo. Si manifesta in diverse forme, tra cui violenza verbale, emotiva, fisica e psicologica. Spesso si prende in considerazione solo la violenza fisica trascurando questo aspetto della violenza verbale che sfocia spesso in violenza psicologica. Questi comportamenti possono essere presenti all'interno delle relazioni intime o in contesti sociali e lavorativi e vedono sopratutto le donne come soggetto attivo in tali comportamenti. Come detto sono atteggiamenti diversi e forme di violenza diverse caratterizzate appunto dalle diversità' di comportamento e caratteristiche differenti tra i due sessi. La donna e' più' propensa ad una violenza verbale e psicologica mentre l'uomo e' più' soggetto a reazioni fisiche e manesche. Anche se come abbiamo visto precedentemente, le donne stanno rapidamente assottigliando queste differenze assumendo anch'esse atteggiamenti più' mascolini e aggressivi con comportamenti crescenti di violenza fisica. Comunque e' da dire che la violenza psicologica fa parte anche dell'atteggiamento maschile ma in una forma diversa, volta a denigrare e eliminare l' autostima del partner per averne il controllo. La differenza con quella femminile e' sottile poiché' rivolta alla mera aggressione verbale e spesso non finalizzata a demolire il partner ma racchiusa nell'atto della discussione in se.

Quindi la violenza femminile sugli uomini è un fenomeno reale e spesso sottovalutata o ignorata dalla società a causa di stereotipi di genere. Gli uomini potrebbero avere difficoltà a riconoscere e segnalare questa violenza a causa della pressione sociale e della mancanza di risorse specifiche disponibili per loro, questo porta influenzare i dati statistici in merito abbassando notevolmente i numeri reali di detto fenomeno. E' anche vero che in un'aggressione fisica l'uomo riesce chiaramente ad avere la meglio ed e' anche vero che raramente le donne si spingono fino all'omicidio in quanto per loro natura preferiscono semplicemente chiudere una situazione creandosi un'altra realtà' sentimentale con un partner diverso. Questo pero' non significa che non esista tale violenza da parte delle donne, purtroppo la violenza come già' esposto precedentemente e' intrinseca nella società' attuale coinvolgendo tutti e due i generi.

La violenza verbale e emotiva spesso si manifesta attraverso insulti, umiliazioni o manipolazioni psicologiche. Gli uomini possono essere soggetti a continue critiche, attacchi alla propria autostima e controlli eccessivi da parte delle partner, il che può avere un impatto significativo sulla salute mentale e sul benessere emotivo.

se meno frequente rispetto alla violenza maschile, la violenza fisica perpetrata dalle donne verso gli uomini è una realtà. Questo può includere comportamenti fisici aggressivi come schiaffi, spinte o altre forme di abuso fisico. La violenza psicologica può consistere nell'isolamento, nell'intimidazione o nella minaccia.

infanticidio

L'infanticidio da parte delle donne è un fenomeno complesso e doloroso che può essere causato da una varietà di motivi e fattori. È importante sottolineare che queste situazioni sono eccezionali e che la stragrande maggioranza delle madri ama e protegge i propri figli. Tuttavia, quando si verificano casi di infanticidio, diverse cause possono contribuire a questo tragico evento:

Fattori Psicologici

1. **Disturbi Mentali:** Alcune donne che commettono infanticidio possono soffrire di gravi disturbi mentali, come depressione postpartum, psicosi postpartum o altri disturbi psichiatrici che possono alterare il loro giudizio e la loro capacità di prendersi cura del bambino.

Fattori Relazionali e Ambientali

2. **Stress e Pressioni Sociali:** Situazioni di stress estremo, pressioni sociali o condizioni di vita difficili possono contribuire a un senso di disperazione nelle madri, portandole a compiere azioni estreme.

3. **Mancanza di Supporto:** L'isolamento sociale o la mancanza di un adeguato supporto familiare e sociale possono aumentare la sensazione di impotenza e disperazione nelle donne, rendendo più difficile affrontare le sfide legate alla maternità.

Fattori Economici

4. **Difficoltà Economiche:** La povertà estrema e le difficoltà finanziarie possono mettere a dura prova le risorse e le capacità di una madre di prendersi cura del proprio figlio, contribuendo ad aumentare il rischio di infanticidio.

Fattori Culturali e Stigmatizzazione

5. **Stigmatizzazione Sociale:** In alcune società, le donne possono essere soggette a gravi forme di stigmatizzazione sociale se si trovano in situazioni difficili o se sono percepite come inadeguate come madri. Questo stigma può portare a sentimenti di vergogna e isolamento, spingendo alcune donne a compiere atti estremi.

Fattori Legati alla Salute del Bambino

6. **Malformazioni o Problemi di Salute:** In casi estremi, alcune madri potrebbero commettere infanticidio a seguito di malformazioni congenite o gravi problemi di salute del bambino. Questo può essere influenzato dalla mancanza di informazioni, supporto medico o risorse finanziarie per affrontare le sfide associate alle condizioni di salute del neonati

E' significativo che questo genere terrificante di uccisione fatto sui bambini vede come fautori principalmente le donne con un ' alta percentuale. Sicuramente non abbiamo gli stessi numeri del femminicidio perché' siamo intorno alla meta' dei casi ma fa riflettere sicuramente il fatto che proprio le madri siano le principali fautrici di questi reati vergognosi per il genere umano. Ancora più' preoccupante e' la mancanza totale di attenzione informazione su questo fenomeno il quale passa sicuramente in secondo piano rispetto al femminnicidio e che ancora poco si fa per evitare che questi accadano ancora. E' terribile pensare che dei poveri bambini innocenti vengano uccisi proprio da coloro che dovrebbero proteggerli e di cui più' si fidano. E' incomprensibile il perché' questi omicidi passino in quasi totale indifferenza se non per qualche notizia sporadica passata nelle testate giornalistiche per poi essere trasferita nel dimenticatoio sociale quasi a nascondere queste terribili azioni effettuate principalmente dalle madri sui propri   figli.
Anche in questo caso abbiamo soggetti con grossi problemi psicologici che vanno affrontati e curati ma sopratutto prevenuti. Quanti bambini subiscono violenza e sono a rischio di vita in famiglie del terrore e sono costantemente soggetti a raptus omicidi da parte delle proprie madri le quali

in determinate situazioni psicologiche possono arrivare ad un atto di violenza tale da portarle all'assassinio del proprio figlio.

Capitolo 7: Impatto Economico della Violenza sulle Donne e sulle Famiglie Coinvolte

Uno degli aspetti considerevoli da prendere in esame e che spesso viene sottovalutato, rappresenta l' impatto significativo sull'economia che ha la violenza, causando conseguenze finanziarie devastanti per le donne e per le famiglie coinvolte. Le vittime spesso subiscono una perdita di opportunità economiche a causa di maltrattamenti che le portano a perdere il lavoro o a essere costrette ad abbandonarlo per ragioni di sicurezza. A questo bisogna aggiungere anche il problema significativo della dipendenza economica di queste donne nei confronti dei loro partner che spesso utilizzano tale dipendenza come arma di ricatto psicologico. Purtroppo parecchie vittime di violenza non denunciano tali situazioni proprio perché' non avendo una indipendenza economica non possono abbandonare il tetto coniugale anche perché' tante volte accade che non sono legate al loro partner da un vero e proprio matrimonio ma da situazioni di convivenza che rendono ancor più' difficile e complicato avere un riconoscimento economico dalla legge. Quindi queste donne intimorite da tali situazioni e preoccupate dalla loro mancanza di indipendenza economica ed impossibilita' di sostentamento per se e per i propri figli, si sottomettono al proprio partner subendo quindi non solo violenze fisiche ma anche psicologiche denigranti della propria dignità'.

Le spese mediche, legali e psicologiche collegate alla violenza richiedono risorse economiche considerevoli. Inoltre, le donne possono affrontare difficoltà nell'accesso a servizi finanziari o creditizi, a causa di conseguenze negative sulla loro storia creditizia derivanti dalla violenza subita.

Le famiglie coinvolte possono sperimentare una diminuzione del reddito familiare a causa della perdita del lavoro della vittima, portando a difficoltà economiche e a una maggiore precarietà finanziaria.

Il femminicidio non solo ha un impatto devastante sulla vittima e sulla sua famiglia, ma influisce anche sulla comunità nel suo complesso. L'omicidio di una donna colpisce profondamente la comunità, generando paura, senso di insicurezza e sfiducia nelle istituzioni. Inoltre, contribuisce a diffondere un clima di terrore e di incertezza tra le donne stesse, che si sentono meno sicure nel proprio ambiente sociale.

Questi atti di violenza hanno un impatto sociale a lungo termine, minando la fiducia nella giustizia, nella sicurezza e nelle istituzioni stesse. Spesso scatenano proteste e richieste di maggiore protezione per le donne, portando a una rivendicazione di politiche più efficaci per prevenire e affrontare il fenomeno del femminicidio.

Leggi e Misure di Protezione per le Vittime. Le leggi esistenti offrono una serie di misure di protezione per le vittime di violenza di genere. Queste misure possono includere ordini restrittivi contro gli aggressori, centri di assistenza dedicati alle vittime, e risorse legali e psicologiche. Gli ordini restrittivi, ad esempio, possono vietare all'aggressore di avvicinarsi alla vittima o di contattarla, fornendo un livello di sicurezza immediato. I centri di assistenza alle vittime offrono supporto legale, psicologico ed economico, garantendo un ambiente sicuro e riservato. Ma tali azioni non sono necessarie, il fenomeno continua a persistere nonostante l'inasprimento delle sanzioni e della legge. Quindi cosa si può fare? Come già accennato il problema e' sociale, non solo individuale e coinvolge sia uomini che donne. Si dovrebbe intervenire principalmente nelle famiglie e nelle istituzioni scolastiche sensibilizzando sul problema ma soprattutto ponendo l'accento sul senso civico e rispetto del prossimo. Azioni importanti devono essere svolte dai centri di ascolto, non solo nei confronti delle donne ma anche degli uomini e soprattutto delle coppie. Invogliare le persone a rivolgersi senza remore o paure presso esperti psicologi per un aiuto anche semplice e banale. Bisogna in poche parole invogliare la comunicazione e invertire questa tendenza sociale nel perseguire la violenza e la vita venale con tutte le conseguenze che ne derivano ponendo l' accento sul senso civico e valori sociali. Comunque e' da dire che nonostante le misure di protezione esistenti, ci sono diverse criticità nel sistema giuridico. Le vittime spesso affrontano ostacoli nell'ottenere ordini restrittivi efficaci o nel far valere i loro diritti legali a causa di complicazioni procedurali o burocratiche.Le proposte di miglioramento includono una maggiore sensibilizzazione e formazione degli operatori giuridici per affrontare i casi di violenza di genere con maggiore comprensione e attenzione. Inoltre, la semplificazione delle procedure e la creazione di percorsi più rapidi ed efficienti per ottenere protezione legale possono essere cruciali per garantire una risposta più tempestiva alle vittime.Sono al vaglio della leggislatura delle sanzioni piu' aspre e rigide con pene molto severe in riferimento a questi reati anche se diverse associazioni per la tutela dei diritti delle donne vorrebbero che tali azioni repressive fossero ancora piu' severe. Chiaramente tali richieste sono comprensibilissime ma hanno una complicazione da tenere presente e da non sottovalutare. Infatti puo' capitare che donne senza scrupoli possano usare tali mezzi di tutela per approfittare di determinate situazioni. Non e' raro che gli esseri umani mossi da sentimenti di vendetta o da mero interesse economico possano sfruttare leggi poste a tutela di alcuni diritti come quelle della violenza sulle donne, per estorgere denaro ai mal capitati o peggio ancora accusare determinate persone di azioni delle quali sono del tutte estranee per recare danno a costoro. Non sono rare denunce di molestie o violenze fatte da donne che provano un senso di rancore ed odio nei confronti dei loro partner per vendicarsi di torti subiti che non hanno nulla a che vedere con le accuse mosse e del tutto estranee mosse solo da un mero sentimento di vendetta. Si ricorda che in questi casi sono tutelate le donne e difficilmente un uomo accusato ingiustamente ricuscirebbe a dimostrare la propria innocenza e quando anche dovesse riuscirci la sua immagine e reputazione potrebbe essere compremessa cosi' come anche la sua situazione economica dato che questi processi sono lunghi e dispendiosi.

Aspetti Legali e Implicazioni Emotive della Separazione penalizzanti per il maschio.

Le leggi sulla separazione e il divorzio spesso favoriscono le donne in termini di custodia dei figli e mantenimento economico. Benché mirino a garantire il benessere dei bambini, alcune decisioni legali possono lasciare gli uomini in una situazione complessa dal punto di vista emotivo ed economico. La distribuzione dei diritti di custodia e del supporto finanziario potrebbe non sempre riflettere appieno le dinamiche specifiche della famiglia coinvolta.

Per gli uomini, affrontare la separazione può significare quindi un impatto emotivo significativo. La perdita della famiglia, unita alle difficoltà finanziarie e alla sensazione di essere sostituiti nella vita familiare, può generare depressione, senso di colpa, disorientamento e senso di perdita di identità. La mancanza di supporto emotivo adeguato in queste situazioni può aggravare ulteriormente la situazione.

La sostituzione dell'uomo nella vita familiare dalla ex moglie con un nuovo compagno può provocare una serie di reazioni emotive e psicologiche. La percezione di essere rimpiazzati, la difficoltà nel mantenere il legame con i figli e l'adattamento a nuove dinamiche possono generare sentimenti di inadeguatezza, rabbia, disperazione e una sensazione di perdita di controllo sulla propria vita.

Tutto questo contribuisce nel creare ed accentuare una situazione già' infelice. Sebbene la maggior parte degli uomini riesca nel superare tali situazioni non per tutti e' così'. Vi sono casi in cui l'insieme dei fattori sopra esposti cioè' la situazione economica più' gravosa, la perdita della gestione dei figli e quindi il venir meno di quella parvenza di famiglia e di appartenenza unito al vedersi sostituito da un altro uomo rivale, tende a destabilizzare fortemente determinate persone già' fragili psicologicamente facendoli cadere in un vortice di depressione, rabbia e rancore che può' sfociare in atteggiamenti violenti e aggressivi se non persecutori nei confronti dell'ex partner.

Ruolo delle Istituzioni e delle Risorse Disponibili. Le istituzioni svolgono un ruolo cruciale nel fornire supporto alle vittime di violenza, inclusa quella di genere. I servizi sociali, le forze dell'ordine, i centri antiviolenza e altre organizzazioni hanno il compito di offrire supporto, protezione e risorse alle vittime. Le istituzioni dovrebbero garantire un accesso facilitato e sicuro a servizi di emergenza, consulenza psicologica, assistenza legale e strutture di accoglienza per le vittime. È fondamentale promuovere una collaborazione efficace tra queste organizzazioni per garantire un supporto completo e coordinato. Quello che pero' notiamo e' che tali azioni sono concentrate nella difesa della donna e fin qui non vi e' nulla di scorretto ma dall'altra parte si tralascia completamente la contro parte maschile che andrebbe assistita e seguita soprattutto psicologicamente con incontri periodici e costanti. Aiutare con un supporto non solo psicologico ma anche istituzionale l'uomo potrebbe eliminare il problema evitando che ritorni nella recidività'. L'oppressione in questi casi e la dissuasione fine a se stesse non bastano, bisogna quindi accostare ad essi un aiuto psicologico verso un percorso di sensibilizzazione e l 'uscita dell' uomo da questo tunnel della violenza rieducandolo al colloquio pacifico e all'accettazione delle situazioni che la vita ci pone.

Nonostante l'impegno delle istituzioni nel fornire supporto, esistono diverse criticità nei servizi di assistenza. Talvolta, le risorse sono insufficienti o non adeguatamente distribuite, creando disparità nell'accesso ai servizi di supporto. La mancanza di formazione specifica per gli operatori può influire sulla qualità dell'assistenza fornita.

Inoltre, la sensibilizzazione e la prevenzione della violenza di genere devono essere integrate più ampiamente nei programmi educativi e nelle politiche pubbliche. Migliorare la consapevolezza sulla violenza di genere può contribuire a prevenirla e a fornire un supporto più efficace alle vittime. Sarebbe quindi ideale formare del personale specifico che possa aiutare concretamente sia la parte maschile che femminile in queste situazioni di violenza e aggressività'. Non sono situazioni di facile risultato ma con l'aiuto delle istituzioni rendendo obbligatorio il seguire determinati percorsi psicologici gratuiti possono sicuramente aiutare questi soggetti o quanto meno monitorare la situazione invertendo quando necessario nella segnalazione alle autorità' dei casi più' disperati o pericolosi evitando cosi' il ripresentarsi di atti violenti o quanto meno attirando l' attenzione delle autorità' che manterranno monitorato determinate situazioni segnalate dai diversi centri di ascolto psicologico preposti svolgendo azione di prevenzione e anche deterrente.

I servizi di protezione dovrebbero garantire un ambiente sicuro e accogliente per le vittime di violenza. È importante fornire un supporto costante e personalizzato, nonché un'assistenza legale adeguata per aiutare le vittime a superare le situazioni di pericolo e a ricostruire le proprie vite.

Inoltre, è essenziale promuovere politiche che proteggano le vittime dalla re vittimizzazione e che incoraggino la denuncia e l'accesso a soluzioni giuridiche e sociali efficaci.

Conclusioni sulla Crisi Relazionali durante le Separazioni

Durante le crisi relazionali, è fondamentale adottare un approccio improntato alla comunicazione e al rispetto reciproco. L'ascolto attivo e il dialogo aperto possono favorire la comprensione reciproca e permettere di individuare le cause delle tensioni. L'intervento di mediatori familiari o psicoterapeuti può facilitare la risoluzione dei conflitti, aiutando le parti coinvolte a trovare strategie di gestione dei conflitti e a costruire nuovi modi di comunicare e comprendere le esigenze reciproche. L 'intervento di detti soggetti non dovrebbero pero' essere fini a se stessi e completare il loro operato in brevi sporadici eventi ma come detto, dovrebbero creare dei percorsi ad hoc per quelle situazioni più' problematiche anche di lunga durata monitorando miglioramenti o peggioramenti nei soggetti coinvolti ed eventualmente segnalarli alle autorità'. E' importante creare azioni di recupero e non solo repressione e punizione, al fine di rieducare non solo sopprimere i comportamenti errati.

Durante il processo di separazione, è cruciale garantire il benessere emotivo e psicologico delle parti coinvolte. Il coinvolgimento di mediatori legali o di assistenti sociali può agevolare la gestione delle questioni legali e finanziarie, con particolare attenzione alla custodia dei figli e al mantenimento. È importante incoraggiare l'empatia e la comprensione reciproca, specialmente quando si tratta di bambini coinvolti, cercando di preservare quanto più possibile la loro stabilità emotiva e psicologica durante questo processo. Offrire supporto psicologico alle parti coinvolte è cruciale per affrontare il trauma emotivo causato dalla separazione. L'accesso a servizi di consulenza e terapia può aiutare a elaborare il dolore emotivo e a superare la crisi individuale. Inoltre, garantire un supporto economico equo e adeguato, senza penalizzare eccessivamente una delle parti, può ridurre lo stress finanziario e favorire un equo bilanciamento delle risorse dopo la separazione. La comunicazione rimane il fulcro fondamentale per affrontare le crisi relazionali e soprattutto durante le separazioni. Quando una coppia inizia a percepire un malessere, coinvolgendo una o entrambe le parti, ricorrere a professionisti come psicologi può essere cruciale nel percorso di uscita dalla crisi. Questi esperti aiutano la coppia a superare le controversie in modo maturo e moderato, cercando di ripianare le divergenze e favorire una crescita individuale e relazionale.

Questo processo diventa ancor più rilevante se emergono situazioni di violenza o minaccia, in cui è vitale seguire percorsi di riabilitazione e ricevere sostegno psicologico, oltre a garantire supporto economico.

Nel contesto legale, è importante che la legge sia equa e consideri le esigenze e lo stato emotivo di entrambi i partner. Una particolare attenzione è fondamentale nel caso di affidamento dei figli, evitando di penalizzare eccessivamente l'uomo. La decisione sull'affidamento dovrebbe essere presa considerando il benessere dei minori, ma anche la situazione emotiva e psicologica dell'uomo.

Come già' evidenziato, e' vitale evitare di aggravare la situazione economica e psicologica dell'uomo, specialmente quando si trova improvvisamente solo, senza famiglia e con una significativa diminuzione dei mezzi finanziari. L'aspetto emotivo è altrettanto importante: spesso, quando l'uomo si ritrova a dare sostegno finanziario all'ex moglie che convive con un nuovo partner, la situazione diventa ancora più difficile, compromettendo la sua dignità e peggiorando la sua condizione psicologica.

Questa serie di eventi crea uno stato di disorientamento e depressione, portando l'uomo a una destabilizzazione mentale che spesso si manifesta attraverso sentimenti di rabbia, depressione e frustrazione.

Nel contesto delle separazioni, è cruciale considerare l'impatto emotivo e psicologico su entrambi i partner. Spesso, l'uomo può trovarsi in una situazione di profonda difficoltà, sia dal punto di vista finanziario che da quello emotivo, quando la separazione avviene.

La legge, pur mirando a proteggere il benessere dei figli, dovrebbe considerare anche lo stato d'animo dell'uomo durante la separazione. La decisione sull'affidamento dei figli non dovrebbe automaticamente favorire la madre, ma piuttosto valutare le circostanze individuali della famiglia, promuovendo una soluzione che tenga conto del benessere dei minori e anche delle risorse e delle capacità di entrambi i genitori di fornire un ambiente sicuro ed equilibrato.

Inoltre, è essenziale fornire supporto psicologico a entrambi i partner. L'uomo, spesso colpito dall'improvvisa perdita della famiglia e dalla conseguente instabilità finanziaria, può sprofondare in stati di depressione, ansia o rabbia. In questi casi, l'intervento di professionisti può essere determinante per aiutare l'uomo a superare questa fase difficile, riducendo il rischio di complicazioni psicologiche a lungo termine.

Una comunicazione aperta e chiara tra le parti è altrettanto fondamentale. La comprensione reciproca delle esigenze e dei sentimenti dell'altro può favorire la ricerca di soluzioni meno conflittuali e più orientate al benessere comune, specialmente quando si tratta di questioni economiche e di affido dei figli.

Inoltre, è importante considerare il supporto della rete sociale e familiare. Gli amici e i parenti possono svolgere un ruolo vitale nel fornire sostegno emotivo e pratico durante questo periodo difficile, offrendo un ambiente di ascolto e comprensione per affrontare le sfide connesse alla separazione.

Capitolo 8: Approcci Preventivi e Soluzioni

Strategie di Prevenzione del Femminicidio e della Violenza di Genere

Le strategie di prevenzione del femminicidio e della violenza di genere dovrebbero essere multidimensionali e coinvolgere diversi settori della società. Un approccio efficace richiede una combinazione di interventi che agiscano su molteplici livelli:

- **Educazione e Sensibilizzazione:** Programmi educativi e campagne di sensibilizzazione possono giocare un ruolo cruciale nell'affrontare le radici culturali della violenza di genere. È fondamentale promuovere l'uguaglianza di genere, il rispetto reciproco e il consentimento consapevole nelle relazioni fin dalla giovane età. Riprendere il servizio di educazione civica nelle istituzioni scolastiche e' fondamentale.

- **Intervento Precoce:** Identificare precocemente segnali di rischio e fornire sostegno alle vittime può essere determinante. La creazione di linee guida e protocolli di intervento rapido può ridurre il rischio di escalation della violenza.

- **Risorse e Supporto:** Garantire l'accesso a servizi di supporto, come centri antiviolenza, consulenza psicologica e assistenza legale, è essenziale per le vittime di violenza ma anche per gli aggressori. Inoltre, fornire risorse economiche e formazione per gli operatori coinvolti può migliorare la qualità dell'assistenza.

Ruolo dell'Educazione, della Sensibilizzazione e dell'Intervento Precoce

L'educazione riveste un ruolo fondamentale nella trasformazione degli atteggiamenti e delle norme sociali che perpetuano la violenza di genere. Integrare programmi educativi che promuovano l'uguaglianza di genere nelle scuole e nelle comunità può contribuire a cambiare mentalità e comportamenti.

La sensibilizzazione della società riguardo al problema della violenza di genere è altrettanto cruciale. Campagne di sensibilizzazione, dibattiti pubblici e media responsabili possono contribuire a smantellare stereotipi dannosi e a promuovere una cultura del rispetto reciproco.

Intervenire precocemente nelle situazioni a rischio può essere determinante per prevenire episodi di violenza futura. La formazione degli operatori sanitari, degli insegnanti e delle forze dell'ordine per riconoscere e gestire le situazioni di rischio è fondamentale per intervenire tempestivamente e proteggere le vittime.

Coinvolgimento delle Istituzioni e delle Comunità

Un elemento cruciale per prevenire il femminicidio e la violenza di genere è il coinvolgimento attivo delle istituzioni e delle comunità. Le istituzioni governative devono assumersi la responsabilità di implementare politiche mirate e di allocare risorse adeguate per la prevenzione e il supporto alle vittime.

Le comunità possono svolgere un ruolo fondamentale nell'affrontare il problema della violenza di genere. Programmi comunitari, gruppi di supporto e reti di solidarietà possono offrire sostegno e sicurezza alle vittime, incoraggiando al contempo una cultura di rispetto e supporto reciproco.

Uso delle Tecnologie e delle Piattaforme Digitali

Le nuove tecnologie e le piattaforme digitali possono essere impiegate in modo creativo per prevenire la violenza di genere. Campagne di sensibilizzazione online, app per segnalare casi di abusi e risorse digitali per l'educazione e l'assistenza alle vittime possono raggiungere un vasto pubblico e offrire supporto anche a chi si trova in luoghi remoti.

Monitoraggio e Valutazione delle Politiche

È fondamentale monitorare e valutare l'efficacia delle politiche e degli interventi preventivi. L'analisi dei dati e delle statistiche può fornire informazioni cruciali per adattare e migliorare le strategie di prevenzione. Questo monitoraggio costante consente di identificare aree critiche e di intervenire con soluzioni mirate.

Approccio Integrale e Continuativo

È importante sottolineare che la prevenzione della violenza di genere richiede un approccio integrato e continuativo. Non esiste una soluzione unica per affrontare questo problema complesso. È necessario un impegno costante, un dialogo aperto e la collaborazione tra tutti gli attori coinvolti per creare un impatto duraturo

Conclusioni:

il femminicidio cosi' come la violenza sulledonne sono atti deplorevoli che umiliano la dignità' umana. Tali azioni vanno assolutamente eliminati ed estirpati dalla società' per potersi definire civile. Esaminando i motivi come abbiamo avuto modo di vedere non vi e' una facile risoluzione. La ricerca dei motivi che sono alla base ti tali azioni e' molto complessa ed articolata. Vi sono diversi fattori che entrano in gioco e influenzano le azioni dei soggetti. Ogni caso andrebbe esaminato singolarmente e generalizzare può' risultare forviante. In questo libro abbiamo voluto prendere in considerazione degli aspetti e dei punti di vista diversi. Vedere le cose da un punto di vista diverso a volte offre la possibilità' di comprendere al meglio il problema. Quindi abbiamo cercato di esaminare eventuali aspetti che spesso non sono presi in giusta considerazione focalizzandosi sul problema ma non sui motivi diversi che portano a tali azioni riprovevoli. Non abbiamo cercato di giustificare nessuno anche perché' per certe azioni non vi sono e non vi possono essere giustificazioni. Il nostro intento stato sempre e solo quello di offrire spunti di riflessione che forse possono contribuire nel risolvere o quanto meno comprendere al meglio le dinamiche di questi reati. Quello che viene evidenziato e' la crescente violenza che dilaga nella società' sopratutto tra i giovanissimi. La mancanza di comunicazione e l'incomprensione soprattutto nei rapporti tra le coppie. Infatti il femmincidio spesso nasce proprio da problematiche che si vengono a creare nel rapporto di coppia. Come già' detto i motivi che portano ad una esplosione di violenza eccessiva tanto da arrivare all'omicidio, sono diversi. Ma alla base c'è' un filo conduttore riconducibile alla mancanza di comunicazione e alla violenza come mezzo di risoluzione dei problemi. Questo riguarda chiaramente alcuni uomini ed anzi e' bene far presente che stiamo parlando di una minoranza piccolissima. E' bene dire questo poiché' ultimamente sta passando il messaggio che il genere maschile e' violento e preposto all'omicidio. Chiaramente la società' e' formata anche da persone intelligenti e sensibili tanto da capire che in questa occasione non si può' generalizzare per non cadere nell'errore di giudicare ed etichettare un genere maschile il quale per la maggior parte lotta proprio per i diritti delle donne ed e' contro la violenza. Quindi e' giusto spezzare una lancia a favore degli uomini riconoscendogli il giusto merito di essere affianco alle donne in questa lotta riconoscendo la giusta stima in costoro e ridando parimenti ad entrambe i generi la loro dignità' evitando la lotta di genere e il denigrarsi a vicenda. Sono da limitare sicuramente quelle azioni e estremiste che senza alcun rispetto verso il genere maschile generalizzano incitano alla violenza e in alcuni casi anche alla castrazione chimica. Stiamo parlando di azioni incivili che portano le donne allo stesso livello di quegli uomini colpevoli di reati ignobili come la violenza sulle donne. Bisogna capire il problema e risolverlo senza puntare il dito sul genere maschile e senza effettuare pericolose caccia alle streghe che non risolvono la situazione ma anzi accendono di più' le divergenze e le distanze. Abbiamo visto che la violenza non e' solo intrinseca nei comportamenti di questi uomini ma e' un male generalizzato legato alla mancanza di comunicazione. Abbiamo visto anche come purtroppo spesso le donne nella scelta del partner prediligono gli uomini tendenzialmente violenti e narcisisti riconoscendoli come uomini alfa dai quali le donne ricercano un senso di protezione. Allo stesso modo per la sindrome della crocerossina si avvicinano a uomini labili caratterialmente che possono divenire violenti in determinate circostanze. Allo stesso modo abbiamo potuto esaminare come la separazione e anche il divorzio possano far cadere I uomo in un tunnel di rabbia e depressione. Quindi come potrebbe essere risolto il problema? Chiaramente non si può' invertire l'andamento della società' poiche' sono meccanismi molto lenti e difficili da gestire. Certo le campagne di sensibilizzazione aiutano parecchio ma non risolvono il problema. Sarebbe dunque auspicabile formare ed incrementare i centri di ascolto ma sopratutto educare già' dalle scuole i ragazzi ad appoggiarsi presso questi centri ma anche presso professionisti per parlare ed essere ascoltati. Le istituzioni dovrebbero investire soprattutto in questi aspetti di rieducazione alla comunicazione e la messa a bando della violenza come unica alternativa. Questo discorso vale non solo per il femminicidio ma per tanti problemi legati alla violenza come bullismo, razzismo ed intolleranza in generale. Rieducare i ragazzi e non solo loro ma anche i genitori ad un sistema diverso, di ascolto e comunicazione. Non e' una strada impossibile ma sicuramente neanche facile da seguire pero' sicuramente più' efficacie sul lungo termine. Reinserire nelle scuole la giusta importanza dell'educazione civica e dei punti di ascolto visti come normali incontri per esprimere i propri sentimenti, angosce, paure e non l'ultima spiaggia quando si e' già' in una situazione di difficile risoluzione. Le coppie devono imparare a comunicare e farsi aiutare in questo. Al minimo segno di violenza recarsi presso centri di ascolto da parte di entrambe i partner. Non deve essere una denuncia ma un aiuto nella comunicazione. I soggetti più' violenti purtroppo dovrebbero seguire un percorso più' strutturato e attento, seguiti costantemente e monitorati. L'uomo e la donna dovrebbero capire che nel litigio non si trova la soluzione ai problemi e peggio ancora nella violenza. Evitare escalation di violenza, la donna deve comprendere gli aspetti dell'uomo e del suo modo di reagire, viceversa l'uomo nei confronti della donna al fine di evitare discussioni che possano degenerare. Le attuali azioni legali sanzionatori e le leggi di punizione non hanno risolto il fenomeno poiché' ha basi profonde nell'indole umana. I delitti legati al femminicidio partono da situazioni sentimentali e sono delitti fatti il più' delle volte d'istinto come reazione. In queste situazioni non vi e' I lucidata' per pensare alle conseguenze. Bisogna dunque spezzare la catena di eventi ed evitare di arrivare alla rottura. L'uomo come la donna vanno assistiti ed affiancati nella loro separazione e nella loro aggressività' che si riversa nella vita quotidiana. Parliamo chiaramente di quei casi estremi dove non vi e' alcuna comunicazione se non quella della violenza fisica.

www.ingramcontent.com/pod-product-compliance
Lightning Source LLC
Chambersburg PA
CBHW071059290526
45795CB00004B/1577